# HISTOIRE

## DE

# *LA DÉCOUVERTE*

## FAITE EN FRANCE,

*De Matières semblables à celles dont la Porcelaine de la Chine est composée.*

Lûe à l'Assemblée publique de l'Académie Royale des Sciences, le Mercredi 13 Novembre 1765.

*Par M.* GUETTARD, *de la même Academie.*

## A PARIS,

## DE L'IMPRIMERIE ROYALE.

M. DCCLXV.

451

# HISTOIRE

### DE

## *LA DÉCOUVERTE*

## FAITE EN FRANCE,

*De Matières semblables à celles dont la Porcelaine
de la Chine est composée.*

L feroit au moins fuperflu, pour ne pas dire inutile, de s'étendre ici en louanges fur la prééminence que la Porcelaine de la Chine a encore au-deſſus de toutes celles qui fortent des Manufactures de l'Europe: les efforts que l'on fait tous les jours pour imaginer des pâtes de Porcelaine qui puiſſent approcher de celle de la Chine, le commerce confidérable que l'on entretient entre la Chine & différens peuples de l'Europe, prouvent plus que tout ce que je pourrois dire, la fupériorité que nous reconnoiſſons à la Porcelaine de la Chine, fur toutes celles que l'on fabrique en Europe.

Je n'entends cependant, par cette fupériorité, que celle que lui donne la bonté des matières qui entrent dans fa compofition & qui la rendent bien plus propre à réfifter au feu. L'adreſſe & le goût des Ouvriers que l'on emploie en Europe dans les Manufactures de Porcelaine, fur-tout dans

A ij

celles de France, donnent aux pièces de porcelaine qui fortent de ces Manufactures un degré de perfection que l'on
ne trouve pas dans celles de la Chine; la variété des formes
& des contours que nos Ouvriers savent donner aux pièces
qu'ils travaillent, la régularité & l'élégance des figures, des
fleurs & des animaux qu'ils peignent sur ces pièces, en font
autant de tableaux en miniatures, qui les rendent précieuses
aux yeux les moins connoisseurs en peinture. Ces petits
tableaux sont souvent tels qu'il n'y a presque pas lieu de douter
que les fragmens de ces pièces de porcelaine seront aussi
recherchés que les Desseins & les Estampes des plus grands
Maîtres, & qu'on en formera par la suite des collections
semblables à celles que l'on fait, de nos jours, des Desseins
& des Estampes qui sont dûs au pinceau & au burin des plus
habiles Dessinateurs & Graveurs. Plusieurs porcelaines de
l'Europe, il faut l'avouer, sont en cela beaucoup supérieures à
la porcelaine de la Chine; si celle-ci le cède de ce côté à nos
porcelaines, il faut aussi ne faire aucune difficulté de convenir
que la porcelaine de la Chine l'emporte par la bonté de sa
pâte sur les porcelaines de l'Europe.

La bonté de cette pâte dépendant seulement des matières
dont elle est composée, l'on s'est toujours proposé en Europe
d'en trouver de semblables à celles qui s'emploient à la Chine
dans les Manufactures de porcelaines; les efforts qu'on a faits
n'ont cependant procuré que des compositions plus propres à
former des verres à demi-transparens que de vraies porcelaines.
On a un peu varié ces compositions, mais toutes sont des
espèces de frittes plus ou moins aisées à se fondre (a); il faut

(a) Un Anonyme envoya à feu
M.gr le Duc d'Orléans, différentes
compositions de Porcelaine, l'assu-
rant qu'il étoit sûr de la réalité
de ces compositions. Je ne certifie
point le fait.

La porcelaine de Saint-Cloud est
composée de terre de Garches, de
sable & de potasse.

Celle de Chantilly, de marne de
Luzarches citronnée, de sable blanc
de la butte d'Aumont, & de potasse.

Celle de Villeroy, de sable de
Fontainebleau, de tripoli & de potasse.

Celle de Vincennes, de marne
d'Argenteuil, de sable, de potasse
& d'un peu de calcine.

Une autre personne donna encore

cependant, à ce qu'il me paroît, en excepter la pâte dont on fait la porcelaine de Saxe *(b)*.

On ne poffédoit donc pas encore la vraie compofition de la porcelaine de la Chine ; toutes celles qu'on faifoit n'en avoient pas les qualités ; toutes fe fondoient dans des vafes de celles de la Chine ; elles étoient plus tendres, plus aifées à fe fondre & foutenoient beaucoup moins bien l'action des liqueurs bouillantes ; chaque Artifte fe flattoit d'avoir été plus heureux que ceux qui l'avoient précédé, quoiqu'il n'eût varié fouvent que dans les proportions qu'il adoptoit pour la combinaifon qu'il faifoit de la terre, du fable & du fel qu'il employoit : on favoit cependant qu'on ne fe fervoit à la Chine que de deux fubftances tirées immédiatement de la terre ; cette connoif-fance devoit détourner du chemin qu'on fuivoit conftamment.

Les Phyficiens n'avoient pas encore tourné leurs vues de ce côté ; ils laiffoient aux Artiftes le foin de perfectionner leur Art, lorfqu'enfin M. de Reaumur, fait pour éclaircir les matières qu'il traitoit, penfa qu'un Art auffi utile que celui qui s'occupe de la porcelaine & pour lequel l'État s'intéreffoit d'une façon plus particulière, méritoit autant & plus que bien d'autres des recherches conduites par les règles d'une faine Phyfique.

La voie la plus courte étoit d'avoir des notions plus étendues & plus claires que celles qu'on avoit déjà fur la compofition de la porcelaine de la Chine, & de fe procurer fur-tout des matières dont on la compofoit ; M. de Reaumur eut les unes & les autres, mais elles ne furent pas complètes ; les travaux de cet habile Phyficien inftruifirent beaucoup, mais ils ne diffipèrent pas entièrement les difficultés ; les Mémoires qu'il donna en 1727 & 1729, mirent fur la voie, mais ils ne conduifirent pas au but.

à ce Prince, la compofition fuivante, pour être celle de la porcelaine des Petites-Maifons.

Elle eft faite avec du fable blanc d'Étampes, du tartre blanc, du fel de foude d'Alicante & du *minium*.

*(b)* Au nombre des terres & des minéraux de Saxe, achetés par feu M.*er* le Duc d'Orléans, il y a un *Kao-lin* femblable à celui de France ; peut-être eft-ce celui qui eft employé pour la porcelaine de Saxe. Parmi les pierres, il y a un quartz ou *fpath-fluor* d'un beau blanc étiqueté comme étant la pierre qui entre dans la com-pofition de cette porcelaine.

A iij

Les recherches & les expériences de M. de Reaumur lui firent poser pour principe fondamental de la composition de la porcelaine de la Chine, qu'elle étoit une combinaison de deux substances, dont l'une nommée *Pe-tun-tse*, étoit vitrifiable, & l'autre appelée *Kao-lin*, ne l'étoit pas. Ce principe étoit lumineux; mais étoit-il entièrement juste? Il avoit porté M. de Reaumur à croire que non-seulement il avoit découvert en France de l'une & de l'autre matière, mais que la France en renfermoit qui pouvoient être regardées comme leur étant supérieures : M. de Reaumur pensoit que le *pe-tun-tse* étoit une espèce de caillou, & le *kao-lin* du talc; les essais qu'il avoit faits avec différentes espèces de nos cailloux & avec des talcs avoient eu du succès.

M. de Reaumur néanmoins n'avoit qu'entrevu la vérité; elle ne s'étoit dévoilée qu'à moitié à ses yeux; il ne l'avoit vue qu'enveloppée d'un voile qui la couvroit encore trop pour qu'il la reconnût entièrement. Il avoit pu examiner le *pe-tun-tse* & le *kao-lin*, mais le *kao-lin* sur-tout n'étoit pas totalement reconnoissable; il n'étoit plus dans son état naturel; on l'avoit envoyé de la Chine en petits pains formés d'une terre lavée & préparée; la grande blancheur de cette terre, sa finesse, de petites paillettes brillantes de talc dont elle étoit parsemée, la lui firent prendre pour de très-beau talc blanc qui avoit été broyé & mis en petits pains.

Le *pe-tun-tse*, dont sans doute M. de Reaumur n'eut que quelques fragmens peu considérables, ne purent que lui paroître des morceaux de quelque caillou; M. de Reaumur n'ayant apparemment pas dans son cabinet des éclats de pierres qui fussent semblables à ce *pe-tun-tse*, il ne pouvoit que saisir à moitié la vérité; mais il la vit autant & plus qu'il ne lui étoit en quelque sorte permis de la voir; un trait de lumière plus développé & débarrassé du nuage transparent qui l'obscurcissoit, dévoiloit à M. de Reaumur tout le mystère de la porcelaine de la Chine. Plus heureux & plus favorisé que M. de Reaumur, j'ai vu les matières dont on fait cette porcelaine, & je les ai vues telles qu'elles sortent de la terre; les recherches préliminaires que j'avois faites en France des terres & des pierres, même les plus communes, m'ont mis en état de reconnoître à la première infpection celles qui étoient du *kao-lin* & du *pe-tun-tfe*. Voici comment j'ai eu occafion de faire cette comparaifon.

Environ deux ans avant la perte que nous avons faite de feu M.ᵍʳ le Duc d'Orléans, ce grand Prince m'ayant fait l'honneur de me montrer les fubflances que l'on emploie à la Chine dans la compofition de la porcelaine & qu'il en avoit fait venir, me demanda en même temps fi, dans mes recherches des foffiles de la France, j'avois trouvé des terres & des pierres femblables à celles qu'il avoit reçues; au premier coup d'œil, je reconnus que j'avois été affez heureux pour les découvrir. Charmé de trouver une occafion de faire ma cour à ce grand Prince, auquel j'avois l'honneur d'être attaché, & de lui témoigner que fes amufemens m'étoient chers, je l'affurai, & j'ofe dire avec un plaifir que mon cœur reffentoit, que j'avois vu de ces foffiles en France: l'aveu fut fuivi de la démonf-tration; les pièces furent confrontées & reconnues à s'y mé-prendre, fur-tout les terres, pour être femblables à celles qui avoient été envoyées de la Chine; les pierres qu'on en avoit reçues pour être du *pe-tun-tfe* étant un peu différentes les unes des autres, celles de la France que je prétendois être de même nature, demandèrent un peu plus d'examen; enfin parmi celles que je foutenois leur reffembler, il s'en trouva que cinq à fix perfonnes, préfentes à cette confrontation, conftatèrent être femblables à la première infpection.

On n'eut rien de plus preffé que de faire des effais de comparaifon avec les matières venues de la Chine & celles que j'avois trouvées en France; je fus affez hardi pour annoncer que ces effais auroient le même fuccès & affez heureux pour qu'ils en euffent. Les deux pièces, comparées après la cuiffon, qui furent cuites dans un four conftruit dans le laboratoire que ce Prince avoit à Sainte-Geneviève, ces deux pièces, dis-je, furent trouvées femblables, le grain en étoit le même, la dureté égale, la tranfparence pareille, le fon auffi vif.

Il n'y avoit alors autre chofe à faire que d'avoir une quantité confidérable de matières pour entreprendre des effais en grand : malgré la rigueur de la faifon, nous étions alors en hiver, je partis, accompagné d'un Ouvrier (c) en Porcelaine, que M.<sup>gr</sup> le Duc d'Orléans me propofa de mener avec moi pour m'aider ; j'allai dans les endroits que j'avois parcourus quelques années auparavant, & où j'avois trouvé la terre & la pierre que je regardois, l'une comme du *pe-tun-tfe*, l'autre comme du *kao-lin*.

De retour, lorfque les matières furent arrivées, & que le four que ce Prince fit conftruire à Bagnolet, celui du laboratoire étant trop petit, fut achevé, on procéda aux effais ; le premier fut avantageux, le fecond ne le fut pas tant : tout penfa manquer par ce défaut de réuffite. Je me mis alors par de petits effais à examiner la caufe de cette efpèce de bizarrerie dans les expériences ; je reconnus que le mauvais fuccès n'avoit dépendu que de la violence du feu, qui n'avoit pas apparemment été affez grande : j'employai une journée entière à faire cuire un très-petit & très-mince gobelet dans un fourneau de reverbère, rempli continuellement de charbon allumé, & dont la vivacité étoit augmentée par le vent de deux foufflets d'Orfévre qu'on faifoit continuellement jouer. Ce petit gobelet ayant cuit, M.<sup>gr</sup> le Duc d'Orléans ordonna une nouvelle fournée, à la demande que je pris la liberté de lui en faire, & il eut la bonté de recommander cette fournée à l'ouvrier qui étoit chargé de la conduire, en lui faifant faire attention que la réuffite dépendroit de fes foins ; la fournée fut donc faite, & elle vint à bien ; il manquoit cependant un peu de blancheur aux vaiffeaux. De nouvelles expériences m'éclairèrent fur ce point intéreffant ; & dans le temps que j'efpérois que le Public pourroit jouir de cette découverte, la mort enleva le grand Prince qui m'avoit mis à portée de la confirmer.

Aucune ne l'a peut-être été plus complètement. Si les petits

(c) Nommé *Legué,* qui travaille actuellement avec M. le Comte de Lauraguais.

essais ont réussi, les essais en grand ont été également heureux : on moula non-seulement des plats & des assiettes de
plusieurs grandeurs & de plusieurs formes, mais on fit des
gobelets, des tasses à café avec leurs soucoupes, des pots de
plus d'un pied en hauteur, & des vases semblables à ceux
dont les jardins sont ornés. Un de ces vases, qui avoit un
pied & demi & plus en hauteur, & dont la largeur étoit
proportionnelle à sa hauteur, étoit orné de moulures, de
même que le pied par lequel il finissoit; son intérieur con-
tenoit un bouquet composé de plusieurs espèces de fleurs,
dont la masse remplissoit toute la capacité du vase, & faisoit
corps avec lui par sa partie inférieure ou par le faisceau formé
de la réunion de tous les pédicules des fleurs; ces fleurs étoient
des roses, des œillets, des anémones, des renoncules, des fleurs
de jasmin, portées chacune sur un pédicule particulier; les
pédicules de ces différentes fleurs étoient même de porcelaine,
singularité qui ne s'est jamais vue que dans les bouquets de
porcelaine de la Chine : ce qui doit d'autant plus paroître
singulier, que ces pédicules sont grêles, & qu'il semble qu'ils
devroient se fondre ou s'affaisser pendant la cuisson du vase
où le bouquet de fleurs étoit implanté, ce vase étant, comme
on le pense bien, beaucoup plus épais. Les pédicules de ces
fleurs ne souffrirent pas plus de la violence du feu, que les
bras, les draperies des figures que l'on fit aussi, quoique ces
parties n'eussent point de support, mais qu'elles fussent isolées,
avantage immense & dont on ne jouit pas dans les manufactures de porcelaine ordinaire, où l'on est obligé de soutenir
par des supports de matière de porcelaine, toutes les parties
des figures & des autres pièces qui ont également des parties
saillantes; précautions nécessaires qui consument beaucoup de
pâte de porcelaine, & cela en pure perte ; dommage qui
augmente beaucoup le prix de ces porcelaines, d'autant plus
que malgré toutes les attentions qu'on peut apporter pour
empêcher que les pièces ne se déjettent, il arrive très-souvent
qu'un grand nombre se déforment, ou perdent quelques-unes
de leurs parties.

A v

Les expériences en grand ne se firent pas sans qu'on consutât si le feu qu'on étoit obligé d'employer pour faire cuire les pièces de porcelaine, seroit capable ou non de faire quelque impreffion sur des pièces des porcelaines communes. Toutes celles qu'on mit dans le four y souffrirent plus ou moins, excepté celles du Japon & de la Chine, qui y restèrent auffi intactes que celles qu'on faisoit cuire *(d)*.

Tout concourant donc à prouver la bonté de la nouvelle p rcelaine, M.ᵍʳ le Duc d'Orléans pensa qu'il falloit s'affurer d'une partie du terrain où on trouvoit le *kao-lin* & le *pe-tun-tſe*, il en fit donc l'acquifition. Comme cette acquifition ne pouvoit fe faire, de même que les expériences qu'on fe propofoit de continuer, fans que le Public fût informé de l'une & de l'autre, ce Prince pensa qu'il convenoit que je dépofaffe à l'Académie quelques petites pièces de la nouvelle porcelaine, & que par un papier cacheté, où j'aurois décrit les matières qui entroient dans fa compofition, je miffe cette découverte à l'abri des prétentions que d'autres perfonnes pourroient par la fuite croire avoir fur cette découverte.

Pour prévenir encore plus ces prétentions, je fis imprimer à la fuite du Mémoire que je donnai en 1751, fur les granits de France, une note où je dis que « les matières qui font » propres à faire une porcelaine pareille à celle de la Chine » fe rencontroient en France, que j'ai reconnu que celles-ci » étoient femblables à celles que M.ᵍʳ le Duc d'Orléans avoit » reçues de la Chine, & que les expériences de comparaifon que » j'avois fait exécuter fous les yeux de ce grand Prince, ne » m'ont laiffé aucun doute fur la bonté des matières que j'avois trouvées en France ».

Quelques papiers périodiques firent mention de cette découverte dès qu'on commença à en parler dans le public ;

*(d)* La porcelaine du Japon & celle de la Chine ne fouffrirent en aucune façon.

Celle de Saxe fe déjeta un peu.

Celle de Saint-Cloud fe déforma beaucoup.

Celle de Chantilly fe fondit & devint une maffe informe.

Celle de Vincennes fufa de façon qu'on n'en put trouver aucun veftige.

l'auteur de la Préface qui est à la tête de la traduction des Leçons de Chimie de Schaw, imprimée à Paris en 1759, dit, *page 61*, que j'ai trouvé le *kao-lin* & le *pe-tun-tse* en France, & que j'en ai fait des essais. Les succès heureux que ces essais ont eus, auroient été suivis d'un établissement solide & dont le Public jouiroit depuis quelque temps, si nous n'eussions perdu le grand Prince qui faisoit en partie son amusement de cette espèce de travail utile.

Cette perte me rendoit maître de faire usage de la découverte que j'avois faite, mais des raisons qu'il est inutile de déduire ici m'en ont toujours empêché ; ces raisons ne subsistant plus, & M.gr le Duc d'Orléans, qui a daigné accorder à mes recherches en Histoire naturelle la protection que le feu Prince son père leur accordoit, ayant trouvé bon que je publiasse ma découverte, je n'ai pu & n'ai même pas dû la garder plus long-temps sous le secret.

Je dirai donc que le *kao-lin* de la Chine n'est qu'une terre blanche très-fine, dégagée de toute matière étrangère & autant pure qu'elle peut naturellement l'être par les différens lavages par lesquels on la fait passer avant de l'employer ; cette terre est dans sa mine mêlée avec des parties talqueuses argentées & avec de petits grains de la nature du cristal de roche ou de quartz plus ou moins transparent ; les parties talqueuses ne peuvent apparemment pas être tellement enlevées par les lavages dont je viens de parler, qu'il n'en reste quelques-unes mêlées à cette terre.

Ce sont ces paillettes qui ont fait penser à M. de Reaumur, que le *kao-lin* étoit du talc broyé & lavé ; mais ayant eu, comme je l'ai dit plus haut, du *kao-lin* de la Chine tel qu'il sort de la mine, je n'ai pu avoir de doute sur sa nature.

L'endroit où je trouvai pour la première fois en France une terre semblable à ce *kao-lin*, se nomme Maupertuis & est situé près d'Alençon ; on le transporte de ce village dans cette ville pour en fabriquer de la poterie, avec d'autres terres & du sable qu'on y mêle. Dans le voyage que je fis pour aller chercher du *kao-lin*, lorsque feu M.gr le Duc d'Orléans voulut essayer cette terre en grand ; j'appris que l'on en tiroit auffi à Chauvigni & dans quelques autres endroits plus près d'Alençon que n'eft le village de Maupertuis ; c'eft même d'un de ces endroits qu'on en prit pour faire les effais.

Ce feroit répéter la defcription que je viens de donner du *kao-lin* de la Chine que de décrire celui de France : cette dernière terre eft de la même fineffe, de la même blancheur ; elle eft parfemée de paillettes talqueufes femblables & de grains criftallins ou quartzeux, pareils à ceux qui fe trouvent mêlés dans le *kao-lin* de la Chine avant qu'on l'ait lavé. Si la reffemblance qui fe trouve entre les endroits d'où l'on tire le *kao-lin* de la Chine & ceux que l'on fouille en France pour avoir de cette terre, pouvoit ajouter quelque degré de certitude qu'on doit avoir de la parité qui eft entre ces deux terres, je dirois que, de même qu'en Chine, le *kao-lin* eft dans fa mine précédé de terres rougeâtres ou jaunâtres, celui de France eft également pofé dans la fienne au-deffous de femblables terres, & que l'une ou l'autre de ces terres fe trouve quelquefois plus ou moins mêlée dans le lit du *kao-lin*, terre dont il faut le débarraffer avec autant de foin qu'en apportent les Chinois pour en nettoyer leur *kao-lin*, & qui peuvent être employées en France, comme à la Chine, à faire les caiffons ou gazettes dans lefquelles on fait cuire les pièces de porcelaines ; elles y font d'autant meilleures qu'on ne peut tellement les féparer du *kao-lin* qu'il ne refte toujours un peu de cette terre mêlée avec elles, déchet qu'on ne doit pas craindre, la beauté du *kao-lin* & la bonté des gazettes ne pouvant qu'y gagner.

Les endroits que je viens de citer, ne font pas les feuls où je connoiffe en France du *kao-lin :* feu M.gr le Duc d'Orléans, me permettant toujours de faire venir de différens endroits de ce royaume les pierres & les terres qui pouvoient s'y trouver ; on envoya une ou deux fois du *kao-lin :* le premier envoi fut fait de Limoges, dans les environs duquel il fe tire & où il eft employé à faire de la fayence qui paffe dans ce pays pour être très-bonne ; le *kao-lin* du fecond envoi étoit des biens de M. le Chevalier Herington, en baffe Bretagne, & qui font fitués à peu de diftance de la Garaie.

L'erreur dans laquelle un Particulier de baſſe Bretagne eſt tombé à l'occaſion d'une terre ſemblable qu'il avoit trouvée dans beaucoup d'endroits de cette province & qu'il prenoit pour de la marne, m'a appris que la Bretagne étoit très-riche en cette terre. J'ai été conſulté par différentes perſonnes pour ſavoir ſi elle étoit réellement marneuſe ; je l'ai reconnue pour du *kao-lin* , non-ſeulement par ſes propriétés extérieures, mais encore par celles de ne ſe pas réduire en chaux & de ne ſe pas diſſoudre aux acides ; je ne ſais ſi on ne doit pas encore regarder comme du *kao-lin* la terre dont on fait à Sainte-Hermine en Poitou, ces pots immenſes connus ſous le nom de jarres ; j'ai vu les trous d'où l'on tire cette terre, &, autant que je puis me le rappeler, cette terre eſt ſemblable au *kao-lin*.

Le *kao-lin*, ſi recherché depuis long-temps avec tant de ſoin & ſi inutilement, quoiqu'on le vît, qu'on le touchât, qu'on l'employât même tous les jours, étant connu, il me reſte à parler du *pe-tun-tſe :* il n'étoit pas plus caché. Depuis un temps immémorial, cette pierre ſervoit à paver la grande route de Bretagne du côté d'Alençon ; cette ville en eſt également pavée, & les montagnes de ſes environs en renferment dans pluſieurs endroits de leur étendue ; j'ai indiqué tous ces endroits dans le Mémoire que j'ai donné ſur les avantages d'une Carte minéralogique pour les ponts & chauſſées, Mémoire qui eſt inféré dans un des premiers volumes du Journal économique : cette pierre y eſt nommée *quartz en rocher ;* je ne pouvois & ne devois même alors la faire connoître pour ce qu'elle étoit. J'en ai uſé de même dans les autres Mémoires que j'ai faits ſur la Minéralogie de la France, & dans leſquels j'avois occaſion de parler de cette pierre ; ces Mémoires ſont inférés parmi ceux de l'Académie.

Le *pe-tun-tſe* eſt, comme celui de la Chine, de la nature des pierres vitrifiables ; il donne du feu frappé avec le briquet ; deux morceaux frottés l'un contre l'autre jettent de la lumière ; il ne ſe diſſout pas aux acides ; ſa couleur eſt d'un gris-clair ; certains morceaux ſont parſemés de quelques petites taches rougeâtres ou verdâtres ; ſon grain eſt fin & ſerré, & forme une pâte unie, compacte & très-dure. Au premier coup d'œil cette pierre paroît avoir du rapport avec le grès, elle en diffère cependant à plusieurs égards ; son grain est infiniment plus fin, &, si on peut parler ainsi, plus fondu ; si on vouloit la rapprocher de quelque sorte de grès, il n'y en a pas de laquelle on pût mieux le faire que de celle à laquelle les Carriers donnent le nom de *chiquart*: ce grès est d'une dureté bien supérieure à celle du grès ordinaire ; elle est même telle que le *chiquart* est rejeté par les Ouvriers qui taillent cette pierre, comme étant trop difficile à travailler. S'il pouvoit être substitué au *pe-tun-tse*, ce seroit une façon de rendre cette pierre utile, sur-tout dans les endroits où elle seroit commune, ne l'étant pas ordinairement dans ceux qui sont même remplis de rochers de grès ordinaires *(e)*.

Le *pe-tun-tse* étant broyé sous la meule, & étant lavé dans plusieurs eaux, devient d'une très-grande blancheur & d'une très-grande finesse ; laissé quelques jours dans l'eau, il contracte une odeur désagréable & brunit ; de même que celui de la Chine, il a, lorsqu'il est réduit en une poudre blanche, un petit goût salin auquel M. de Reaumur le reconnut pour être réellement du *pe-tun-tse.* Cette observation, que je dois à cet habile Physicien, ne pouvoit, comme on le pense bien, que m'être très-agréable ; elle étoit une nouvelle preuve de l'identité qui se trouvoit entre le *pe-tun-tse* de la Chine & celui de la France, & quand elle n'auroit pas été prouvée par des expériences, le sentiment de M. de Reaumur auroit été pour moi, sinon une preuve complète, du moins une présomption des plus fortes : l'approbation qu'il donna aussi aux essais que je lui fis voir, ne me fit pas moins de plaisir ; il les reconnut pour être d'une porcelaine à laquelle il ne manquoit aucune des propriétés de celle de la Chine.

*(e)* Le grès & le sable même pourroient être utilement employés, puisque le sable entre dans les compositions des porcelaines ordinaires, & que le grès n'est probablement que du sable réuni, sans aucun ciment naturel ni suc pierreux. Le sable seroit même préférable, en ce qu'on épargneroit, en l'employant, les frais du broiement qu'il faudroit faire du grès.

Après le suffrage d'un Physicien aussi habile que M. de Reaumur, & qui s'étoit tant exercé sur la matière de la porcelaine ; après les essais en grand que j'ai rapportés dans cet ouvrage, on ne peut, à ce que je crois, guère douter que nous ne connoissions maintenant la vraie composition de la porcelaine de la Chine, & que nous ne puissions égaler les Chinois dans cette espèce de manufacture ; étant de plus prouvé par tout ce qui a été dit, que la porcelaine de la Chine est un composé de deux substances vitrifiables, il n'y a pas lieu de douter que plusieurs sortes de terres & de pierres ne puissent être propres à faire différentes porcelaines.

Par exemple, il me paroît qu'une espèce de quartz grenu & rougeâtre des environs de Mouan, village peu éloigné de Caen, pourroit en procurer une espèce différente de la porcelaine ordinaire : ce quartz m'a paru avoir beaucoup de rapport avec une sorte de *pe-tun-tse* qu'on envoya aussi à feu M.<sup>gr</sup> le Duc d'Orléans en même temps que celui dont j'ai parlé ; l'essai qu'on fit avec le quartz de Mouan eut de la réussite ; il donna une porcelaine qui différoit en couleur de la porcelaine ordinaire : celle-ci est blanche, comme personne ne l'ignore, l'autre avoit une couleur de chair légèrement rouge. Cette expérience pourroit engager à se servir de pierres vitrifiables de différentes couleurs, elles donneroient peut-être des variétés de porcelaines qui pourroient n'être pas sans mérite.

On s'ouvrira du moins, en faisant ces expériences, un champ vaste qui ne peut être que très-agréable à parcourir à quiconque aime cette sorte de travail ; si jamais il se trouve quelqu'un qui s'en amuse, il pourra accomplir le projet que feu M.<sup>gr</sup> le Duc d'Orléans s'étoit proposé de faire exécuter sous ses yeux dans son laboratoire, & sur lequel j'avois déjà fait une suite d'expériences, qu'il seroit trop long de rapporter ici, & que je me trouverois heureux de perfectionner autant que j'en suis capable. Je connois grand nombre de pierres qui pourroient servir de *pe-tun-tse* & de terres qu'on pourroit employer comme *kao - hn*.

La Normandie renferme une belle terre blanche qu'il ne

pourroit qu'être très-utile de mettre en usage ; elle se trouve dans tout le canton de cette province que j'ai appelé *le canton des sables gras*, lorsque j'ai donné pour la France un plan général de Minéralogie & qui est inséré parmi les Mémoires de l'Académie pour l'année 1746 : je pense que les terres connues sous le nom de *terres savonneuses*, pourroient être très-avantageusement employées.

Entre les pierres, celles auxquelles on a donné les noms de stéatite, de pierre ollaire, de jade, de serpentine, de smectite ; en un mot toutes les pierres que plusieurs Naturalistes regardent comme des pierres argilleuses, me paroissent mériter une attention particulière ; on ne devroit pas même négliger les différentes variétés de schites & même d'ardoises. On rencontre assez souvent parmi les rochers des premiers, des veines de cette pierre, qui sont verdâtres, qui ont quelque chose de gras & d'onctueux, comme la craie de Briançon, qui me paroissent avoir quelque rapport avec une sorte de *pe-tun-tse* encore envoyé à feu M.<sup>gr</sup> le Duc d'Orléans. Je connois nombre de ces schites qui se trouvent dans plusieurs endroits de la France, & que j'ai vus nommément dans les rochers des environs de Bourbon-l'Archambault. Le rapport qu'ils ont avec la craie de Briançon, devroit engager à ne pas laisser cette pierre, sans en faire un examen particulier *(f)*.

On ne peut certainement qu'avoir, par la combinaison de ces pierres avec les terres, une grande variété de pâtes, dont il ne peut que résulter une variété considérable de porcelaines, ou au moins de poterie & de fayence, plus utiles les unes que les autres.

Pour y parvenir, il faut nécessairement apporter à la préparation de ces pierres & de ces terres, autant de précaution qu'on en apporte pour la préparation de celles qu'on emploie dans les manufactures de porcelaines, & dont on a fait usage

*(f)* Il est inutile d'avertir que les cailloux de pierre à fusil, les différens quartz, le *spath-fluor* & les autres pierres de cette nature ne doivent pas être négligées ; le *spath-fluor* sur-tout, puisqu'on prétend, comme je l'ai dit dans une note précédente, que des personnes pensoient que c'étoit cette pierre qui servoit en Saxe de *pe-tun-tse.*

à Bagnolet, lors des expériences en grand qu'on y a exécutées pour la nouvelle porcelaine. On commençoit par nettoyer le *kao-lin* du peu de terre rougeâtre ou jaunâtre dont il pouvoit être mêlé; on le lavoit ensuite dans une eau très-pure & très-claire, on le débarrassoit par cette opération des graviers & de la plus grande partie des paillettes talqueuses *(g)*; puis on le faisoit passer par différens lavages, pour avoir un dépôt d'une finesse impalpable.

On réduisoit le *pe-tun-tse* dans un pareil état, en le pilant d'abord dans un mortier de fonte, ce qu'on pourroit faire dans une manufacture bien établie, au moyen d'un bocard. Le *pe-tun-tse* ainsi broyé & passé même au tamis de soie, étoit porté sous des meules où il étoit long-temps moulu, délayé dans de l'eau; on finissoit sa préparation par différens lavages dont on ne prenoit que le dépôt le plus fin, & qui l'étoit à un point que la farine la plus fine ne l'étoit pas davantage, que ce *pe-tun-tse* ainsi préparé.

L'on mêloit ensuite à parties égales le *kao-lin* & le *pe-tun-tse*, on les délayoit dans de l'eau, & au moyen d'un moulin semblable à celui dont les laveurs d'or se servent, & qu'on faisoit mouvoir un temps considérable, on mélangeoit ces deux substances de façon qu'elles n'en faisoient en quelque sorte plus qu'une.

Cette pâte mise en masse, étoit enfin portée aux ouvriers qui devoient la tourner, la mouler & la faire cuire: il ne faut pas moins de précautions dans cette partie de cet art; il en faut autant apporter dans les autres, dans la construction du four, dans l'endroit où il doit être bâti, dans la direction du feu. Mais détailler toutes ces précautions, ce seroit décrire entièrement l'art de faire de la porcelaine; ce que je ne me suis pas proposé ici, n'ayant voulu donner qu'une connoissance exacte de la façon dont s'étoit faite en France la découverte du *kao-lin* & du *pe-tun-tse*.

---

*(g)* Il ne faut pas craindre de laisser de ces paillettes, elles ne peuvent pas faire grand tort à la porcelaine, lors sur-tout qu'elles sont blanches; elles servent au contraire à faciliter la fusion du *kao-lin*. M. Pott du moins veut qu'elles aient cette propriété, lorsqu'elles sont mêlées avec des terres.

On en trouvera fans doute par la fuite dans beaucoup plus d'endroits que je n'en ai nommés dans cet Ouvrage. Pour mettre en état ceux qui defireroient avoir de ces deux fubf-tances, je dirai en finiffant, que dans les principes que je me fuis faits fur la pofition des minéraux dans la terre, il y a tout lieu de penfer que les terrains femblables à ceux que j'ai fait entrer dans ma Carte générale & minéralogique de la France, & que j'ai défignés par le nom de *bande fchiteufe* ou *métallique*, pourront renfermer l'une ou l'autre matière, & fouvent toutes les deux. Je fuis d'autant plus porté à le croire, qu'il me paroît que le terrain de la Chine, d'où ces matières fe tirent, eft femblable à celui de la France où elles ont été découvertes; vérité qui m'a en quelque forte été démontrée par le relevé *(h)* que j'ai fait de ce que le P. du Halde nous a appris dans fon hiftoire de la Chine, de la Minéralogie de ce grand Empire. Enfin pour m'acquitter entièrement du devoir de Citoyen & d'Académicien zélé pour l'avancement & la perfection des Arts, j'ai cru devoir mettre fous les yeux de l'Académie & du Public, les matières qui ont fervi à faire la nouvelle porcelaine, & répondre par-là aux intentions de feu M.^gr le Duc d'Orléans, & à celles du Prince fon fils, qui ne trouve cette découverte utile, qu'autant qu'elle peut intéreffer le Public.

*(h)* Ce relevé a été imprimé dans le volume des Mélanges intéreffans & curieux, ou Abrégé d'Hiftoire Naturelle, &c. où il s'agit de la Chine. Cet Ouvrage eft de M. de Surgi.

---

JE crois devoir avertir des efforts que quelques Particuliers ont fait depuis l'annonce qui a été publiée de la découverte du *kao-lin* & du *pe-tun-tfe*, & prévenir contre plufieurs méprifes que ces perfonnes ont faites & qu'ils ont imprimées.

On n'eut pas appris dans Paris qu'on avoit trouvé en France le *kao-lin* & le *pe-tun-tfe*, qu'on chercha à favoir d'où on les tiroit; il n'y a prefque pas lieu de douter qu'on ne le découvrit; on apprit bientôt où étoit placé le canton que feu

M.<sup>gr</sup> le Duc d'Orléans avoit acheté: un Auteur, celui de l'Orictologie, crut même devoir l'annoncer; mais ce que cet Auteur dit du *kao-lin* & du *pe-tun-tse* est si peu exact, qu'il y a tout lieu de penser qu'il ne les a jamais vus, qu'il n'a écrit que de mémoire & que d'après ce qu'il avoit appris de quelqu'un & dont il avoit mal retenu la leçon.

Suivant cet Auteur « le caillou, dit *diamant d'Alençon*, qui n'est que du cristal de roche, est renfermé dans une pierre « pleine de brillans : cette pierre appelée *artrée* est marbrée & « crystallisée ; elle se trouve dans une fontaine du village du « même nom, à une lieue de la ville d'Alençon. Il paroît qu'elle « s'est formée d'une terre durcie, blanche, tendre au toucher, « pleine de parties micacées & de grains quartzeux : cette « pierre ressemble beaucoup au *caholin* de la Chine, & est « employée par les Potiers de terre. »

Il y a presqu'autant de fautes dans ce passage, qu'il y a de phrases. La pierre d'*artrée*, ou plutôt de *Hertrey*, est le granit dont on bâtit à Alençon, & qui, bien loin de se trouver dans une fontaine, compose toutes ou presque toutes les montagnes de ce canton. Comment cet Auteur peut-il dire que ce granit est composé d'une terre, puisque ce n'est qu'un amas de petits grains de quartz, mêlés à des paillettes talqueuses, & que la terre qui peut s'y trouver est la partie qui est entrée le moins abondamment dans sa composition ? La restriction que l'Auteur met à la ressemblance qui est entre le *kao-lin* de la Chine & la terre des Potiers d'Alençon, me prouve qu'il n'a jamais fait la comparaison de ces deux terres. Ce même Auteur n'est pas plus exact dans un autre endroit de son ouvrage. Il y dit que « la plupart des terres propres à faire de la porcelaine, font des espèces de marnes tendres & blanches. Celles de la « Chine se nomment *petunzé* & *kaolin*. Le *petunzé*, espèce de « pierre, étant broyée & réduite en poudre, est blanche, fine « & douce au toucher; le *kaolin* est moins dur & se dissout « aisément dans l'eau. »

On ne comprend pas trop ce qui peut faire avancer à cet Auteur, que *la plupart des terres à porcelaine font des marnes,* fi ce n'eft l'illufion que la blancheur de ces terres fui a faite; ces terres font argilleufes, & par conféquent bien différentes de la marne. Il eft fingulier qu'il dife que le *pe-tun-tfe* foit une pierre, venant de le mettre au nombre des terres marneufes; la prétendue diffolution du *kao-lin* dans l'eau ne fe doit fans doute entendre que de la facilité avec laquelle cette terre fine & douce s'y délaye: elle n'eft pas un fel pour s'y diffoudre.

L'Auteur du Dictionnaire raifonné univerfel d'Hiftoire naturelle, raifonne un peu moins mal fur le *kao-lin*. Par l'analyfe qu'il dit avoir faite de celui de la Chine, il a reconnu que « la partie farineufe eft calcaire, les paillettes brillantes font » du *mica*, les parties graveleufes font de petits criftaux de quartz » & la partie empâtante, qui fert de ciment, eft argilleufe; » nous avons trouvé, continue-t-il, quantité de terre femblable » fur les couches de granit qui fe voient aux villages du grand » & petit Hertrey, près d'Alençon; peut-être que ce *kao-lin* n'eft qu'un mauvais granit détruit. »

Dans la fuppofition que l'analyfe que l'Auteur du Dictionnaire raifonné dit avoir faite du *kao-lin* de la Chine foit exacte, on pourroit lui demander ce qu'il veut dire par fon ciment argilleux; on feroit porté à croire qu'en voulant faire la defcription du *kao-lin*, il a fait celle d'un granit, dans la compofition duquel je ne crois pas cependant qu'il démontre plus de parties calcaires que dans le *kao-lin* de la Chine, à moins que ce *kao-lin* n'ait été altéré, comme il arrive fouvent aux Ouvriers Chinois de le faire, en mêlant au *kao-lin* lavé des matières étrangères, dans la vue d'en augmenter la quantité ou pour rendre les deux autres matières plus aifées à entrer en fufion & épargner par-là du temps & de la dépenfe, ce qui pourroit expliquer la différence qu'on reconnoît être dans la porcelaine de la Chine qu'on y fait actuellement & celle qu'on y faifoit anciennement, & que l'on appelle l'*ancien Chine* & l'*ancien Japon*. Les Connoiffeurs font beaucoup plus de cas de celle-ci, & la mettent à un plus haut prix; mais j'examinerai ce point intéreffant dans un autre Mémoire.

Le même auteur, qui avoit apparemment été moins bien

inftruit lorfqu'il étoit à Alençon fur la nature du *pe-tun-tfe* que fur celle du *kao-lin*, regarde cette pierre comme un fpath vitreux & fufible ; il dit qu'il ne fait pas feu avec le briquet ; on en trouve, felon lui, une quantité dans les roches de granit en Allemagne, & particulièrement au Hertrey, près d'Alençon.

Je ne doute prefque pas que le fpath vitreux & fufible ne puiffe fervir de *pe-tun-tfe ;* mais les *pe-tun-tfe* de la Chine que j'ai vus font bien différens de cette pierre, & ils font certainement femblables à ceux de France que j'ai décrits : quand on veut parler de matières qu'on ne connoît pas exactement, qu'on veut fur-tout deviner ce que d'autres ont trouvé & qu'on n'a pas la délicateffe d'attendre qu'ils nous dévoilent ce qu'ils ont apparemment raifon de tenir fous le fecret, il eft affez ordinaire de porter l'obfcurité dont l'efprit eft offufqué dans les defcriptions des objets dont on parle.

Cet Auteur, qui a tant vu de fpath fufible dans les granits des environs d'Alençon, auroit peut-être avancé une vérité s'il eût dit que les granits qui renferment de ce fpath, & peut-être même tous les granits préparés comme le *pe-tun-tfe*, pourroient fuppléer le *pe-tun-tfe* dans les pays qui auroient du granit & qui manqueroient de l'autre pierre ; ce feroit du moins des expériences à faire & qui ne font pas à négliger. Il paroît, par ce que j'ai dit dans le corps de ce Mémoire, que les Chinois fe fervent, comme *pe-tun-tfe*, de plufieurs efpèces de pierres ; il faut même que ces pierres foient très-communes en Chine, vu la quantité qui y a été employée depuis plufieurs fiècles & le bas prix de la porcelaine qu'on y fabrique : s'ils ne fe fervoient que de *fpath fluor*, il faudroit que ce fpath fût bien autrement abondant dans cet Empire qu'il ne l'eft en France, où nous ne le trouvons qu'en très-petits morceaux & répandus dans les granits où il ne forme que des grains plus ou moins gros & dont on ne pourroit le tirer qu'avec beaucoup de peine & de dépenfe, ce qui me feroit croire que fi on vouloit jamais faire ufage de ce fpath dans les Manufactures de porcelaine, il feroit plus fimple d'employer les granits qui en font

parfemés; les granits font vitrifiables; ils ont des parties talqueufes qui aident la fufion; il y auroit peut-être de l'avantage
à fe fervir de ces pierres en guife de *pe-tun-tfe*: c'eft à l'expérience à nous inftruire fur ce point intéreffant.

Ce que je viens de dire fur le fpath fufible peut fervir de
réponfe à ce qui a été avancé nouvellement dans un Ouvrage
fur l'émail; l'Auteur qui a joint à cet Ouvrage quelques
remarques fur la fabrication de la porcelaine, prétend que le
*pe-tun-tfe* de la Chine eft un femblable fpath. Je fuis étonné
que cet Auteur, qui avoit vu les différentes pierres envoyées
de la Chine pour être du *pe-tun-tfe*, ait embraffé ce fentiment;
il n'auroit pas, à ce que je crois, dû reftreindre ainfi ce
*pe-tun-tfe* à une feule efpèce de pierre. Il fait mieux connoître
le *kao-lin*, il l'a décrit d'après celui de la Chine: fa defcription
eft exacte. L'annonce qu'il fait de la découverte du *pe-tun-tfe*
& du *kao-lin* en France, ne pouvoit être plus fûre que de fa
part, puifqu'il étoit préfent à la confrontation des matières
envoyées de la Chine, & de celles trouvées en France.

On ne comprend pas trop bien ce qu'il veut dire par fes
obfervations fur le grès, peut-être avoit-il fait des expériences
avec cette pierre. On ne peut malheureufement efpérer des
éclairciffemens fur cet endroit de fon Ouvrage, la mort nous
l'ayant enlevé. Au refte, ce qu'il a écrit fur la porcelaine, peut
être utile, & en cela on ne peut que lui avoir de la reconnoif-
fance pour ce qu'il nous a laiffé.

Comme on ne peut faire connoître trop d'endroits qui
fourniffent du *pe-tun-tfe*, je finirai ces notes par un paffage
tiré du Mémoire fur le tripoli de Poligny en Bretagne, par
M. Gardeil *. « La colline qui renferme dans fes entrailles le
» bois foffile & le tripoli, eft toute couverte de grès, ce qui
» peut faire croire qu'elle doit fa formation aux eaux, en obfervant
» d'ailleurs qu'il fe trouve dans ce grès de grandes couches de
» quartz........ Il faut encore remarquer que le grès de cette
» colline a une qualité qui me paroît lui être bien particulière.
» Il eft par couches inclinées, & fe fépare ainfi que le fchite:

* *Voyez* les Mémoires des Savans Étrangers, *tome III, page 23.*

on y voit comme des feuillets, ou plutôt des couches suc- «
cessives de son accroissement, qui me paroissent démontrer «
qu'il a été formé par dépôt. »

Ce grès me semble être de l'espèce du *pe-tun-tse*, avec
laquelle les expériences ont été faites à Bagnolet. Je le croirois
d'autant plus volontiers, qu'il se trouve dans un canton de
la bande métallique, que ces rochers sont inclinés à l'horizon,
ce que j'ai aussi observé quelquefois dans ceux de cette pierre
que j'ai vus, & parce que ceux dont M. Gardeil parle, ont
des veines de quartz, ce que je n'ai jamais remarqué dans les
rochers de grès proprement dit, quoique j'en aie beaucoup
examiné.

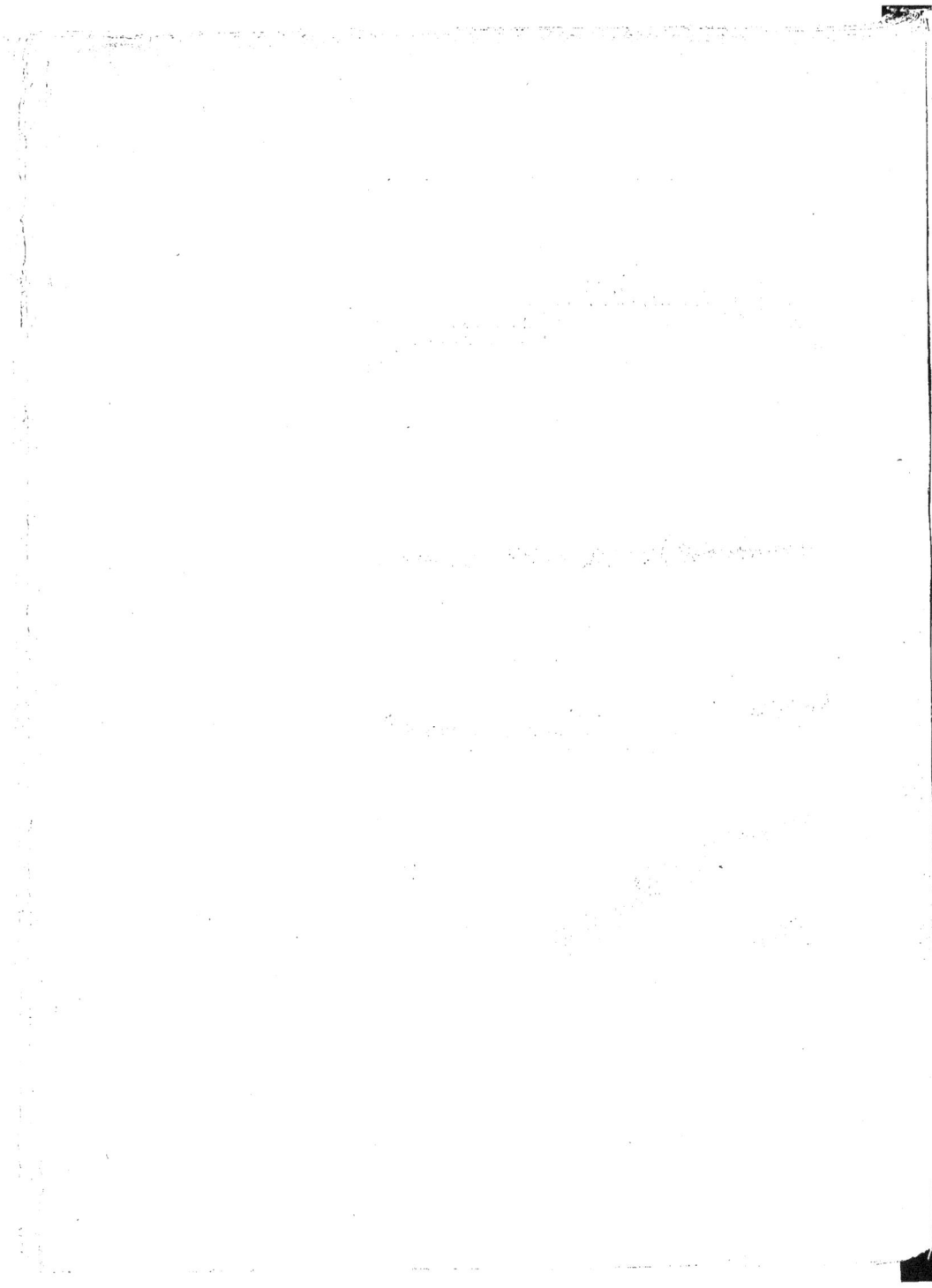